Homéopathie pour les animaux

Les 15 meilleurs remèdes en cas de blessures

Dr Marc Bär
Dr Dounya Reiwald
Dr Olivier Glardon

VIGOT

Traduit de l'allemand par Olivier Glardon

Maquette et mise en page : Facompo

Couverture : Solenne Siben

Illustrations de couverture et de l'intérieur : Solenne Siben

Responsable d'édition : Coralie Moutat

Suivi éditorial : Marine Schoeser

Responsable de fabrication : Claire Leleu

Technicienne de fabrication : Caroline Pichon

23, rue de l'École-de-Médecine, 75 006 Paris, France

ISBN : 978-2-7114-2266-1

Dépôt légal : octobre 2013

Achevé d'imprimer en Espagne par GraphyCems.

Sommaire

Avant-propos 5

Que trouve-t-on dans ce livre et à qui s'adresse-t-il ? 7

Chapitre 1 – Qu'est-ce que l'homéopathie ? 9

- L'histoire de l'homéopathie 9
- Les trois piliers de l'homéopathie 10
  - Le principe de similitude (règle du simile) 10
  - Une manière de voir globale 12
  - La plus petite dose possible 13

Chapitre 2 – L'homéopathie en médecine vétérinaire 16

Chapitre 3 – Le traitement homéopathique 18

- La guérison 19
- Les possibilités et limites de l'homéopathie 19
  - Les possibilités 19
  - Les limites 21

Chapitre 4 – La pharmacie homéopathique des blessures 23

Chapitre 5 – Sites internet utiles 25

Chapitre 6 – Les principaux remèdes en cas de blessures 27

Chapitre 7 – Répertoire des blessures et des médicaments qui les guérissent 59

Les auteurs 94

Avant-propos

Combien de fois votre chat est-il rentré blessé à la maison après une bagarre avec le chat du voisin ? Combien de fois votre cheval est-il rentré boiteux du pré, après avoir joyeusement profité d'une sortie tant attendue ? Combien de fois votre chien s'est-il arraché une griffe en jouant ou en creusant la terre ? Le propriétaire d'un animal est souvent amené à traiter lui-même ces petites urgences médicales.

Nous pratiquons l'homéopathie classique pour les animaux depuis des années et, depuis le début, nous constatons pratiquement quotidiennement à quel point l'homéopathie guérit vite, durablement et en douceur. C'est précisément dans les situations aiguës que l'effet thérapeutique des remèdes homéopathiques surprend par sa rapidité d'action. Nous nous sommes alors demandé ce qu'il se passerait si on donnait immédiatement le bon remède aux animaux blessés ? La réponse est claire, on pourrait réduire considérablement la durée des douleurs.

Pour y arriver, en tant que propriétaire d'un animal, vous devez d'une part avoir accès à des médicaments, d'autre part être à même de choisir le médicament adéquat. La pharmacie que nous avons développée ici pour les cas de blessures, correspond à ces critères. Nous vous souhaitons bien sûr d'avoir à consulter cet ouvrage le moins souvent possible. Que cela ne l'empêche pas d'être une aide précieuse dans les situations d'urgence !

Nous aimerions remercier toutes celles et tous ceux qui ont contribué à la réussite de ce livre. En premier, Monsieur Benno Blum et la maison Omida, Küssnacht am Rigi. Ensuite, nos partenaires Federico et Lotte, que leur travail de relecture a souvent éloignés de leur famille. Iris Tschanz et Natascha Rinaldi ont également contribué de manière importante à la réussite du projet, que ce soit en corrigeant le manuscrit, ou en nous remontant le moral par des propositions judicieuses et un ravitaillement en boissons de toutes sortes. Finalement, que nos maîtres et nos enseignants, en particulier le Dr J. Künzli et le Dr M. Jus, soient ici remerciés pour tout ce qu'ils nous ont appris au sujet de cette fantastique méthode thérapeutique.

Que trouve-t-on dans ce livre et à qui s'adresse-t-il ?

Vous trouverez ici les quinze remèdes homéopathiques les plus courants en cas de blessures.

Dans le chapitre « Les principaux remèdes en cas de blessures », vous trouverez une description de ces quinze médicaments où il est précisé pour quelles blessures un médicament en particulier peut être utilisé. La liste complète des maux se trouve dans le chapitre « Répertoire des blessures ». Elle est présentée par ordre alphabétique afin de trouver le plus rapidement possible le remède pouvant soulager l'animal de ses souffrances. Le livre vous guide ainsi parmi les blessures et leurs conséquences.

Bien sûr, le traitement d'urgence ne doit pas remplacer une visite chez le vétérinaire. Il faut contacter un ou une spécialiste en cas de blessures graves. Ce livre s'adresse donc en particulier à tous les propriétaires ou les amis des animaux qui souhaitent apporter une aide immédiate à leur animal en cas d'accident, de morsure ou de toute autre blessure, ainsi qu'aux professionnels qui utilisent les possibilités thérapeutiques de l'homéopathie avant un traitement conventionnel.

Les blessures sont fréquentes et l'administration immédiate du médicament homéopathique adéquat est très efficace pour calmer d'éventuelles douleurs, atténuer les saignements ou aider à résorber un état de choc. Un bon médicament homéopathique peut aussi accélérer la guérison de plaies. L'état de l'animal peut se stabiliser avant même la visite chez le vétérinaire grâce au traitement homéopathique immédiat de l'urgence, ce qui, dans certains cas, peut simplifier des soins conventionnels ultérieurs, tout en accélérant la récupération.

Puisse ce texte vous accompagner fidèlement dans votre quotidien !

– Chapitre 1 –

QU'EST-CE QUE L'HOMÉOPATHIE ?

L'histoire de l'homéopathie

L'homéopathie classique fut fondée il y a environ 250 ans par le docteur Samuel Hahnemann, médecin et chimiste allemand. L'homéopathie est une science autonome avec des règles claires. Pour la mettre au point, le docteur Hahnemann étudia divers médicaments, entre autres l'écorce de quinquina, qui était à cette époque le seul remède efficace contre la malaria. Comme le mode d'action lui était obscur, il expérimenta sur lui-même le quinquina et remarqua qu'il provoquait sur lui des symptômes semblables à ceux de la malaria. C'est ainsi qu'il découvrit, presque par hasard, la loi des semblables ou le principe de similitude, selon lequel, lors d'essais sur des humains en bonne santé, les médicaments administrés provoquent les mêmes symptômes que ceux constatés sur des patients atteints de la maladie qu'ils sont censés soigner. Il constata aussi que l'homéopathie exigeait une individualisation du patient (chaque animal est considéré comme un individu à part entière) et une potentialisation particulière des médicaments.

Les trois piliers de l'homéopathie

Le principe de similitude (règle du « simile »)

L'oignon (*Allium cepa*) va nous servir d'exemple pour illustrer la règle du « simile ». Chez l'individu en bonne santé, l'oignon provoque des larmes, des brûlures aux yeux et des éternuements. Lorsqu'un patient, atteint d'un rhume par exemple, présente exactement les mêmes symptômes, l'oignon sera utilisé comme médicament homéopathique. La thérapie homéopathique suit donc le principe de similitude, à la différence de la médecine conventionnelle, où le traitement se fait en général avec des médicaments qui agissent contre des symptômes particuliers (par exemple antalgique contre la douleur ou antibiotique contre les bactéries). Inversement, pour un traitement selon le principe de similitude, on utilise des médicaments qui, en cas de surdosage, provoqueraient des symptômes semblables à ceux de la maladie qu'on veut soigner.

En médecine, le principe de similitude n'est pas uniquement appliqué en homéopathie. On trouve des exemples en médecine populaire : on recommande de presser une pièce de monnaie sur les bosses des enfants ou de frictionner une engelure avec de la neige. Mais même en médecine académique, on utilise parfois le principe de similitude. Ainsi, la maladie des plongeurs est soignée dans un caisson hyperbare, et certains médicaments et traitements thérapeutiques de la médecine conventionnelle se fondent sur cette méthode. La vaccination contre la variole de Jenner a été à l'origine de la vaccinothérapie et les allergies sont traitées par désensibilisations. La digitale (*digitalis purpurea*), utilisée pour soigner des affections cardiaques, provoque des problèmes de cœur lorsqu'elle est surdosée.

L'homéopathie n'a rien d'ésotérique. Son apprentissage est aussi rationnel que celui de l'allopathie. En homéopathie classique, le bon remède n'est pas déterminé à l'aide d'un pendule. C'est aussi impensable que si on cherchait à déterminer le bon antibiotique par le même moyen. Ainsi devient-il évident que ce n'est pas le simple fait d'utiliser des remèdes préparés selon les principes homéopathiques qui définit l'homéopathie en tant que discipline, mais bien la méthode sur laquelle on se base pour choisir le médicament, qui doit correspondre à chaque patient.

Si on parle d'homéopathie classique, c'est parce qu'il existe plusieurs façons d'utiliser des médicaments préparés de manière homéopathique (voir pages 14-15). L'homéopathie classique est la seule méthode qui applique les fondements de l'homéopathie de manière vraiment conséquente. Les autres méthodes sont :

– **la thérapie biologique,** qui travaille avec des médicaments préparés selon la méthode homéopathique, mais utilise des combinaisons de médicaments (les complexes) plutôt que des médicaments uniques, comme le veut fondamentalement l'homéopathie classique ;

– **l'homéopathie clinique,** qui utilise des médicaments uniques, mais souvent plus d'un à la fois, et les détermine en fonction de quelques symptômes corporels, plutôt que selon leur similitude avec les symptômes de l'ensemble du patient ;

– **l'anthroposophie,** qui utilise des médicaments préparés selon la méthode homéopathique et/ou diverses substances, non pas selon les principes de l'homéopathie classique, mais selon des procédés qui lui sont propres.

Une manière de voir globale

L'homéopathie classique repose sur une approche globale. Elle s'applique donc toujours à l'animal dans son entier et ne peut ainsi s'intéresser qu'à une patte ou une articulation. C'est l'animal qui est soigné, non sa maladie. La situation est naturellement un peu différente en cas de blessures, car alors les symptômes aigus dominent et le temps manque pour s'occuper de tous les traits de caractère de l'animal.

La réaction individuelle du patient, avant et après la blessure, doit cependant aussi être prise en considération autant que faire se peut, afin de trouver précisément quel médicament lui correspond dans cette situation précise. Il n'est pas raisonnable d'administrer un mélange de médicaments homéopathiques, si on se fixe comme objectif une guérison basée sur le rétablissement d'un équilibre. Par conséquent, si on cherchait un médicament sur la base d'un unique symptôme, tel que « douleur après une blessure », plusieurs médicaments correspondraient à ce symptôme. Si on ne fait pas mieux correspondre les symptômes au patient, la thérapie ressemble plus à la médecine conventionnelle, qui cherche à faire disparaître les symptômes, sans rétablir un équilibre global. Cela est dû au fait qu'un symptôme n'est en réalité qu'un signe du corps, qui indique que « quelque chose ne fonctionne pas ».

Si on éteint ce signal, sans supprimer la cause, un nouveau symptôme risque d'apparaître, qui sera plus grave encore. Les symptômes les plus valables sont ceux dont le facteur déclencheur, l'endroit du corps blessé, ainsi que les signes collatéraux, sont connus, c'est-à-dire quand on peut identifier quand et par quoi intervient une amélioration. C'est pourquoi il est très utile d'observer avec attention et en détail l'animal blessé. S'il se couche volontiers au soleil ou près du chauffage, le médicament qui conviendra sera celui pour lequel une amélioration par la chaleur est décrite.

La plus petite dose possible

Comme les médicaments utilisés sont partiellement toxiques, le fondateur de l'homéopathie a fait ses expérimentations avec des substances diluées. Après de nombreux essais, il est arrivé à la conclusion que la forme médicamenteuse dite « dynamisée » était la plus efficace. D'une part, il pouvait encore reconnaître les symptômes provoqués par le poison dans sa forme atténuée, mais de nouveaux symptômes, qui n'étaient pas encore connus, apparaissaient au cours de l'expérimentation des médicaments. Cela concernait tous les niveaux de l'individu, aussi bien psychiques que somatiques. Dans l'exemple de la digitale, on verra ainsi apparaître en sus des symptômes cardiaques les symptômes comportementaux suivants :

- sensation d'ivresse avec nervosité ;
- surmenage intellectuel, associé à un pouls faible ;
- abattement ;
- anxiété avec grande terreur, le soir à 18 heures.

Hahnemann s'est décidé pour deux sortes de dilutions, les dilutions en CH (centésimales hahnemanniennes) et les dilutions Q ou LM. Dans ces dernières, il n'y a chimiquement parlant plus de molécules dans le remède. La recherche n'a pas permis de prouver le mécanisme d'action de ce type de médicaments. L'efficacité du traitement homéopathique peut cependant être démontrée sur la base d'études de cas, ou même d'études en double aveugle.

Lors de dilutions CH, on effectue une dilution de 100 fois à chaque étape. La dilution 3 CH signifie donc qu'on a dilué la substance 100 × 100 × 100

= 1 000 000 de fois. Une dilution 15 CH correspond donc à 10^{-30} de la substance de départ. On travaille généralement avec des dilutions entre 6 et 30 CH.

Pour les dilutions Q, on commence par réaliser une trituration en 3 CH, puis on effectue une dilution de 50 000 fois à chaque étape. La première dilution est le Q1, par laquelle on commence en général, puis on augmente la dilution pas à pas (Q 2, Q 3, Q 4 et ainsi de suite). Chaque phase de la préparation des dynamisations est accompagnée de 100 secousses, c'est ce qu'on appelle la « succussion », qui caractérise la préparation homéopathique des médicaments.

En ce qui concerne les dynamisations D, la dilution est de 10 fois à chaque étape. Hahnemann ne les a jamais utilisées et elles ne sont pas prescrites en homéopathie classique.

C'est seulement sur ce troisième principe fondamental de la dilution qu'il y a débat sur l'efficacité de l'homéopathie. Ni le principe de similitude ni le traitement de l'ensemble du patient ne semblent être mis en doute par qui que ce soit. En médecine conventionnelle, la dose est proportionnelle au poids. Il en va autrement en homéopathie, où le niveau de dilution dépend de la gravité de la maladie ou de la blessure et de l'intensité de l'énergie vitale.

– Chapitre 2 –

L'HOMÉOPATHIE EN MÉDECINE VÉTÉRINAIRE

Déjà Hahnemann incitait les vétérinaires à soigner leurs patients selon ses directives, toutefois sans grand écho. Seuls quelques homéopathes vétérinaires travaillèrent à l'époque selon la règle de similitude et obtinrent de bons résultats. Ce n'est que dans les années soixante que la méthode se développa, et qu'on se mit à avoir besoin de vétérinaires homéopathes. Les propriétaires d'animaux de compagnie et les agriculteurs bio étaient en effet à la recherche d'alternatives à la médecine conventionnelle.

L'homéopathie agit fondamentalement de la même manière sur les animaux que sur les humains. C'est pourquoi les homéopathes vétérinaires suivent la même formation que leurs collègues médecins ou pharmaciens. La principale différence réside d'abord dans le fait que les animaux ne parlent pas et ne peuvent ainsi pas exprimer leurs sentiments et leurs douleurs. Il y a d'autre part de grandes différences entre les espèces et les races d'animaux, ce qui impose que l'homéopathe pour animaux connaisse les médicaments (*materia medica*), mais aussi le comportement spécifique de chaque animal. On peut encore ajouter que les animaux sont peu influencés par le rôle du vétérinaire sur leur guérison. L'effet placebo, que les détracteurs avancent toujours pour expliquer les effets de l'homéopathie, perd ainsi de sa crédibilité.

– CHAPITRE 3 –

LE TRAITEMENT HOMÉOPATHIQUE

Le traitement homéopathique est régulateur. Il stimule les forces de guérison qui permettent de combattre les blessures ou d'autres problèmes de santé. Comme nous l'avons déjà mentionné, ce n'est pas un symptôme isolé qui est intéressant, mais l'état général de l'animal. Ainsi Arnica, le médicament le plus utilisé en cas de blessures, ne devrait être administré qu'à des animaux qui manifestent une sensibilité au contact, ce qui est très visible lors de troubles aigus, dans la mesure où l'animal se comporte soudain de manière inhabituelle. Cela demande plus de temps pour s'en apercevoir lors de problèmes chroniques. On cherche donc en homéopathie classique à appréhender l'essence même de l'animal et de ses symptômes par une discussion précise et approfondie avec le propriétaire, de manière à traiter l'origine même des troubles. Lors d'affections chroniques, c'est également sur la base des symptômes principaux qu'on définit et qu'on prescrit le médicament qui correspond le plus précisément à l'animal malade, et qu'on appelle le « remède de constitution ».

La guérison

La guérison correspond à l'état de l'animal avant la maladie. Cet état ne peut être retrouvé qu'en rétablissant l'équilibre, par le renforcement de l'énergie ou de la force vitale de l'animal. Le résultat de la guérison est naturellement la santé, dans un sens toutefois plus large que celui communément accepté. Ainsi, selon l'OMS, la santé est définie comme un état de bien-être social, émotionnel et corporel, tout comme l'absence de symptômes de maladie. En homéopathie, on le formule d'une manière plus globale : la santé est le bien-être dans toutes ses dimensions et l'absence de symptômes de maladie, mais aussi de prédispositions morbides.

Les possibilités et limites de l'homéopathie

Les possibilités

Les possibilités de l'homéopathie ne se distinguent pas beaucoup de celles de la médecine conventionnelle. Ainsi, toutes les maladies et les troubles réversibles (sont considérées comme irréversibles des lésions des reins, du cœur, etc.), de même que toutes les affections et les problèmes qui ne sont pas trop avancés, peuvent être traités par l'homéopathie. Peu importe qu'il s'agisse d'une maladie aiguë ou chronique, d'un dérangement comportemental d'origine psychique ou d'une affection intestinale causée par des parasites. C'est avant tout l'évaluation globale de l'individu malade qui compte, et par conséquent l'élaboration d'un traitement global, à la place du traitement d'un symptôme. L'avantage de l'homéopathie réside dans le fait que, même en cas de diagnostic incertain ou de maladies dites « idiopathiques » (dont la cause est inconnue), un traitement rationnel, individuel et ciblé reste possible.

Voici quelques exemples de maladies chroniques qui peuvent être soignées par un vétérinaire spécialisé en homéopathie :

- allergies (alimentaires, asthme, eczéma d'été du cheval) ;
- maladies auto-immunitaires (entérite chronique chez le chien par exemple) ;
- infections (aiguës ou chroniques) ;
- troubles du comportement (anxiété, irritabilité, tic à l'ours, dépression), en tenant toujours compte de l'environnement, de la nutrition et de la condition de garde des animaux ;
- maladies chroniques débilitantes (fourbure) ;
- dérangements hormonaux (hypofonctionnement de la thyroïde, diabète chez le chat, etc.) ;
- troubles fonctionnels (épilepsie, névralgie, incontinence urinaire) ;
- maladies dégénératives (arthroses, problèmes dorsaux) ;

- reproduction (stérilité, tendance à l'avortement, forte grossesse nerveuse) ;
- certains problèmes qui relèvent de la chirurgie (douleurs dues à la dysplasie des hanches, problèmes de disques intervertébraux, verrues, sarcoïde du cheval, rétrécissement du ligament annulaire du boulet) ;
- maladies métaboliques.

Les limites

Celles-ci peuvent être dues à la maladie elle-même. Ainsi de graves problèmes intraitables, tels que des dégâts irréversibles dans un organe (rétine, pancréas, reins, cœur, etc.), des tumeurs malignes, des stades terminaux, des processus mécaniques comme des fractures ou des corps étrangers intestinaux, ne sont pas guérissables par homéopathie.

Ceci dit, le traitement des maladies chroniques et de nombreux problèmes aigus doit être fait par un spécialiste : sans connaissances spécifiques, notamment en ce qui concerne la théorie, les médicaments ou encore la technique d'anamnèse et de hiérarchisation des symptômes, l'homéopathie ne peut pas être exercée. D'autre part, des connaissances médicales fondamentales sont indispensables. Sans elles, toute activité médicale est vouée à l'échec. Il faut finalement rendre attentif au fait qu'en ce qui concerne le traitement de maladies chroniques, les remèdes homéopathiques peuvent être anti-dotés, notamment par des conditions de garde des animaux qui ne seraient pas respectueuses des besoins de l'espèce. Cette condition doit donc être respectée pour pouvoir traiter avec l'homéopathie.

– Chapitre 4 –

LA PHARMACIE HOMÉOPATHIQUE DES BLESSURES

Les indications de dosages de ce livre sont en dilutions CH, faciles à utiliser (voir page 14). Toutes ces dilutions, qu'il s'agisse de 30 CH, 200 CH ou 1 000 CH, ont en commun qu'une seule dose devrait suffire pour guérir les symptômes aigus des blessures et leurs suites. Dans la mesure où l'homéopathie classique représente la méthode fondamentale de traitement homéopathique, il ne sera question que d'elle dans ce livre. Les différents granules sont chaque fois composés d'un seul médicament, comme Arnica. On donne quelques granules directement dans la bouche de l'animal en évitant pour cela d'utiliser des cuillères ou des objets en métal. Le cas échéant, on peut aussi diluer les remèdes dans un peu d'eau.

Les quinze médicaments que nous avons choisis sont les plus fréquemment indiqués lors de blessures. Ils sont aussi les plus efficaces. Grâce à eux, on peut s'attendre à une amélioration des symptômes dans environ 80 % des cas.

La description claire des médicaments et de leurs possibilités d'utilisation permet facilement de déterminer le remède spécifique pour chaque situation. Un minimum de bon sens reste bien sûr nécessaire. Les animaux gravement blessés doivent être présentés au vétérinaire, en plus du traitement homéopathique. De plus, si l'état général est sérieusement diminué, notamment en cas d'hémorragie, de blessures aux yeux, à la tête ou en tout autre endroit sensible du corps, il faut absolument montrer l'animal à un vétérinaire. Il faut aussi consulter quand les symptômes ne sont pas nettement améliorés après un jour, comme une boiterie par exemple.

La pharmacie doit être conservée dans un endroit protégé des effets directs du soleil. Il faudrait de même éviter de la placer près de substances qui sentent fort, comme le camphre, la menthe ou les huiles essentielles. Lors de voyages en avion, il faut placer les médicaments dans les valises, car les rayonnements (radiographiques et autres) peuvent les inactiver. Dans ces conditions, la pharmacie contre les blessures a une durée de conservation pratiquement illimitée, même si une date de péremption doit être indiquée pour des raisons légales.

Pour autant que ces précautions soient respectées, les quinze médicaments que nous avons choisis vous rendront de précieux services. Ils peuvent d'ailleurs aussi être utilisés chez l'humain.

– Chapitre 5 –

SITES INTERNET UTILES

Les sites internet suivants pourront vous apporter des informations complémentaires :

www.omida.ch

www.homeopathy-ecch.org

www.camvet.ch

www.iavh.org

www.theavh.org

www.swiss-homeopathy.ch

www.homeodoctor.ch

www.groma.ch

www.homeopatte.ch

www.reiwald.ch

www.schmidt-nagel.ch

labo.gamma@capitole.ch

www.boiron-suisse.ch

www.boiron.fr

www.homeopathie.com

www.assh.fr

www.homeopathie-unio.be

www.clh-homeo.be

ebh.homeobel.org

N. B. : Le contenu des sites mentionnés n'est pas contrôlé par les auteurs.

CHAPITRE 6 :

Les principaux remèdes en cas de blessures

Aconitum........................... 28
Apis.................................... 30
Arnica................................. 32
Bellis perennis................. 34
Calendula.......................... 36
Cantharis.......................... 38
Hepar sulfuris.................. 40
Hypericum........................ 42
Lachesis............................ 44
Ledum................................. 46
Rhus toxicodendron....... 48
Ruta.................................... 50
Silicea................................ 52
Staphisagria..................... 54
Symphytum....................... 56

ACONITUM

Aconitum, l'aconit napel, appartient, comme Staphysagria, à la famille des renonculacées. Comme cette dernière, Aconitum contient un alcaloïde toxique, l'aconitine, qui se trouve dans toutes les parties de la plante, mais plus particulièrement dans les racines. Il est considéré comme un des poisons végétaux le plus puissant qui soit : 5 g de racine fraîche sont mortels pour un chien. Ce médicament est donné surtout après un état de choc ou de peur extrême, ce qui est souvent le cas lors de blessures.

DANS QUELS CAS UTILISER CE MÉDICAMENT ?

Les animaux qui ont besoin d'Aconit sont si agités et angoissés que cela devient difficile à supporter pour les autres animaux et pour les humains. Cette extraordinaire agitation est souvent entrecoupée de phases léthargiques. Mais l'image qui domine est celle d'un animal fortement paniqué et violent, qui tyrannise littéralement son environnement par son comportement.

Liste des symptômes

- Grosse agitation, s'effraie facilement.
- Forte sensibilité aux impressions extérieures tels que bruits, lumières, contacts, regroupement de plusieurs animaux ou humains, évènements inattendus.
- Peur avec gémissements, plaintes, soupirs.
- Très grande sensibilité à la douleur.

- Excitabilité (grogne, tape, griffe ou cherche soudain à mordre).
- La blessure peut beaucoup saigner, le sang est rouge clair, très liquide.
- Grande soif d'eau froide (à cause des muqueuses sèches).
- Se sent mieux au froid.

Symptômes caractéristiques :

✓ Agitation
✓ Grande sensibilité à la douleur
✓ État amélioré par le froid

Indications

- Après un choc ou une grande frayeur.
- Sur-réaction comportementale à une blessure.
- Saignements importants.
- Fièvre soudaine.

COMMENT UTILISER CE MÉDICAMENT ?

Vertus

Excellent médicament de premier secours pour de nombreuses blessures, lorsque les signes comportementaux dominent.

Dilution

Une dose unique en 30 CH.

– Fiche n° 2 –

APIS

Apis, l'abeille mellifère, est utilisée en entier pour la préparation de la teinture mère. Une piqûre d'abeille provoque de l'agitation, des douleurs et parfois des sueurs et des vomissements (à cause de l'histamine et de la mellitine, un poison). L'abeille elle-même meurt après avoir piqué.

DANS QUELS CAS UTILISER CE MÉDICAMENT ?

Les blessures d'Apis sont caractérisées par des douleurs brûlantes et piquantes. Des enflures apparaissent, la peau est boursoufflée et se colore en rouge rosé. Les animaux ne veulent pas être touchés (voir Arnica), mais seulement aux endroits où ils sont blessés. En général, ils ne restent pas seuls volontiers et ils sont très agités. Cette agitation, qui peut être assez prononcée, est le symptôme comportemental le plus remarquable, lorsque Apis est indiqué.

Liste des symptômes

- Absence de soif (même en cas de fièvre).
- Aggravation de l'état général dans des endroits chauds ou suite à des compresses chaudes.
- Amélioration des douleurs et de l'enflure par des compresses froides.
- Amélioration des douleurs par pression sur l'emplacement de la blessure.

Symptômes caractéristiques :

✓ Agitation
✓ Sensibilité au contact
✓ Plaies très enflées
✓ Amélioration par le froid

Indications

- Blessure perforante par un clou ou un éclat de verre.
- Accident avec forte enflure de l'endroit blessé.
- Piqûre d'insecte.
- Principalement pour la peau et les organes urinaires.

COMMENT UTILISER CE MÉDICAMENT ?

Généralités

Une miction importante après Apis est à considérer comme un signe positif.

Dilution

Une dose unique en 30 CH.

– Fiche n° 3 –

ARNICA

Arnica montana (l'arnique des montagnes) appartient à la famille des astéracées, qui est utilisée comme aucune autre en cas de blessures. Calendula (le souci officinal) et Bellis perennis (la pâquerette), sont très proches d'Arnica. Les propriétés vulnéraires d'Arnica sont connues depuis le Moyen Âge. La plante pousse dans les régions montagneuses de l'Europe centrale et de l'Europe du sud.

DANS QUELS CAS UTILISER CE MÉDICAMENT ?

Arnica est le médicament homéopathique utilisé en premier lors de blessures ou d'accidents. Le corps, et plus particulièrement les régions blessées, sont particulièrement sensibles au toucher ou à la pression. C'est aussi la raison pour laquelle le patient Arnica n'aime pas se coucher sur une surface dure. On constate souvent un hématome en plus de la douleur typique de la blessure. Arnica est utilisé pour des blessures sur lesquelles la peau est intacte.

Liste des symptômes

- Crainte d'être approché.
- Peur du contact.
- Grande sensibilité à la douleur.
- Agressivité lorsqu'il est approché.
- Donne l'impression d'être perturbé par la douleur.
- S'isole et veut être laissé tranquille.

Symptômes caractéristiques :

✓ Crainte d'être touché : les animaux se cachent ou s'opposent violemment à toute approche
✓ Aggravation des douleurs et de l'état général par le mouvement
✓ Tendance aux saignements

Indications

- Accidents et blessures sans lésion de la peau.
- Coups, bousculades, chutes, etc.
- Douleurs postopératoires ou après des extractions dentaires.
- Hématomes ou saignements.

COMMENT UTILISER CE MÉDICAMENT ?

Généralités

Lorsque le contact à l'endroit blessé est toléré, Arnica n'est pas le bon médicament. Ce point est important. Même si Arnica est le médicament le plus fréquemment utilisé en cas de blessures, il n'agit que si on le prescrit pour un des états typiques de ce remède.

Dilution

Une dose unique en 200 CH.

- Fiche n° 4 -

BELLIS PERENNIS

La pâquerette pousse presque toute l'année dans les prairies et le gazon, même s'il est coupé très court. Cette plante vivace se caractérise par sa résistance au piétinement. Elle fleurit tôt dans l'année, ce qui réjouit les amateurs. Comme Calendula et Arnica, Bellis perennis appartient au groupe des astéracées.

DANS QUELS CAS UTILISER CE MÉDICAMENT ?

Bellis perennis est utilisée plus particulièrement lorsque les blessures ne concernent pas la peau mais les tissus plus profonds : lésions sous-cutanées, musculaires, contusions d'organes internes (voir Arnica). La pâquerette ne devrait pas être prescrite juste avant le sommeil, car elle peut provoquer des insomnies au cours de la nuit. Le froid aggrave les symptômes.

Liste des symptômes

- Douleurs intenses (les animaux boitent fortement lors de blessures des membres).
- Douleurs aggravées par le contact ou la pression.
- Animaux amicaux, doux, tranquilles (au contraire d'Arnica).
- Fatigue.

Symptômes caractéristiques :

- ✓ Sensibilité à la douleur (peau, tissus sous-cutanés, musculature)
- ✓ Animaux doux, somnolents
- ✓ Les épanchements de sang ressemblent à des varices
- ✓ Aggravation par des compresses froides

Indications

- Coups, bousculades, chute.
- Accidents et blessures sans lésion de la peau.
- Blessures des tissus profonds.
- Hématomes et saignements.
- Contusions.
- Foulures.

COMMENT UTILISER CE MÉDICAMENT ?

Dilution

Une dose unique en 30 CH.

– Fiche n° 5 –

CALENDULA

Calendula, le souci officinal, appartient comme Arnica à la famille des astéracées, si importante en cas de blessures. À partir de la France, le souci s'est propagé dans les cultures de toute l'Europe. Tout comme Arnica, Calendula est utilisé en médecine depuis des siècles, sous forme d'infusion ou de pommade. Mais en homéopathie, Calendula est pris par voie orale, comme tous les autres médicaments.

DANS QUELS CAS UTILISER CE MÉDICAMENT ?

La grande sensibilité à la douleur et la peur du contact, qui caractérise tous les médicaments du groupe des astéracées, se retrouve aussi chez Calendula. Les animaux peuvent être un peu irritables, sensibles au froid (ils cherchent des endroits chauds, à l'abri du vent) et au bruit.

Calendula n'est non seulement très utile lors de blessures récentes, mais aussi lorsqu'une fine croûte s'est formée sur la blessure, parfois purulente. Ce médicament accélère la guérison et empêche l'infection, sans avoir recours aux antibiotiques. Les blessures qui guérissent lentement réagissent bien à Calendula.

Liste des symptômes

- Blessure de la peau.
- Grande sensibilité à la douleur.
- Peur du contact.

- Coloration rouge autour de la blessure, douloureuse à la pression.

Symptômes caractéristiques :
✓ Douleurs
✓ Blessures qui guérissent lentement

Généralités

Calendula est particulièrement recommandé en cas d'éraflures et pour la guérison des blessures cutanées.

Indications

- Éraflures.
- Coupures et déchirures superficielles.
- Plaies qui guérissent lentement.
- Plaies qui purulent.
- Érosions cutanées.

COMMENT UTILISER CE MÉDICAMENT ?

Dilution

Une dose unique en 30 CH.

– Fiche n° 6 –

CANTHARIS

Cantharis est extrait de la mouche espagnole. C'est un aphrodisiaque en médecine populaire. La mouche, de couleur vert métallique, brillante, se tient volontiers au soleil. Menacée, elle expulse un poison neurotoxique huileux, la cantharidine, qui cause des brûlures de la peau et des muqueuses.

DANS QUELS CAS UTILISER CE MÉDICAMENT ?

Les blessures de Cantharis sont caractérisées par la formation de vésicules (ampoules) et par de soudaines et violentes douleurs. Le chat qui marche sur une plaque bouillante de la cuisinière en est un bon exemple. Les animaux qui ont besoin de Cantharis ne supportent aucun contact et ne sont pas tranquilles. Ils semblent apathiques, mais lorsqu'on veut les toucher, ils réagissent soudain de manière agressive. Ils supportent particulièrement mal l'eau froide, même si elle apaise les douleurs lorsqu'elle est appliquée sur la peau.

Liste des symptômes

- Rougeur de la peau et formation de vésicules.
- Inflammation violente et soudaine.
- Peur de l'eau.
- Excitation sexuelle.
- Se sent mieux au calme et au chaud.

Symptômes caractéristiques :

- ✓ Somnolence avec soudaine et violente agressivité
- ✓ Sensibilité au contact
- ✓ Fortes douleurs
- ✓ Se met en colère lorsqu'il est approché

Indications

- Brûlures.
- Coup de soleil.
- Piqûre d'insecte avec fortes démangeaisons.

COMMENT UTILISER CE MÉDICAMENT ?

Généralités

Lors de brûlures, il est recommandé de faire une compresse humide d'une solution de Cantharis pour lutter contre les douleurs avant que les ampoules ne se développent. Lors de blessures ouvertes, une dose de Cantharis en 30 CH est aussi indiquée.

Dilution

Une dose unique en 30 CH.

HEPAR SULFURIS

Hepar sulfuris est un mélange de fleur de soufre et de calcaire d'huîtres. Samuel Hahnemann est le premier à avoir produit cette substance et à l'avoir ainsi introduite comme médicament. Hepar sulfuris est un des plus importants médicaments homéopathique en cas de lésion purulente. Les abcès causés par des morsures de chats, les infections causées par des corps étrangers (par exemple autour d'une écharde), des amygdales infectées, un eczéma purulent, sont des maux pour lesquels il est possible d'utiliser ce médicament.

DANS QUELS CAS UTILISER CE MÉDICAMENT ?

Comme pour tous les médicaments homéopathiques, il est important d'utiliser Hepar lorsque les symptômes du patient correspondent à ceux du médicament. Dans ce cas, la grande sensibilité à la douleur se remarque en premier. Les patients réagissent par la colère et la peur si on essaie de toucher la région concernée. Ils supportent mal le froid et les courants d'air, de manière générale comme sur la lésion. Le pus, jaune, sent mauvais.

Liste des symptômes

- Grande sensibilité à la douleur.
- Irritabilité et agressivité liée à la douleur.
- Souffrance aggravée par le froid.
- Ne supporte pas qu'on touche les endroits blessés.

Symptômes caractéristiques :

- ✓ Dolence
- ✓ Se fâche lorsqu'on veut examiner la lésion
- ✓ Irritabilité générale
- ✓ Pus jaunâtre et qui sent souvent mauvais
- ✓ Cherche la chaleur, ne supporte pas le froid, de manière générale comme sur la lésion

Indications

- Abcès.
- Processus purulent.
- Plaies infectées.
- Morsures.
- Corps étrangers, tels qu'échardes ou limaille sous la peau.

COMMENT UTILISER CE MÉDICAMENT ?

Généralités

Ne doit pas être répété.

Dilution

Une dose unique en 30 CH.

– Fiche n° 8 –

HYPERICUM

Hypericum, le millepertuis, est utilisé contre les dépressions en phytothérapie. Les feuilles sont perforées de minuscules trous. Elles contiennent des huiles essentielles et de l'hypéricine, qui est utilisée pour remonter le moral. Les fleurs jaune vif apparaissent de préférence à des endroits ensoleillés. Les très nombreuses graines peuvent rester des années au sol sans germer, pour ne se développer que lorsqu'elles voient la lumière.

DANS QUELS CAS UTILISER CE MÉDICAMENT ?

On peut utiliser Hypericum si les blessures sont dans des tissus innervés, tels que les pattes, les ongles, la langue, les organes génitaux, les yeux, etc. Les animaux sont sensibles à la douleur et aux odeurs. Les endroits blessés sont si douloureux qu'il n'est plus possible de détourner l'attention de l'animal. Il ne cesse de gémir.

Liste des symptômes

- Extrême sensibilité à la douleur.
- Douleur renforcée par le mouvement et l'effort, le contact et la pression et par le froid.
- Apathie et tristesse.
- Confusion.

Symptômes caractéristiques :

- ✓ Fortes douleurs aggravées par le mouvement et l'effort
- ✓ Parties du corps très innervées

Indications

- Blessures dans des tissus très innervés.
- Écrasement de la queue ou des pattes.
- Chute sur le dos ou sur la tête.
- Cicatrices qui démangent longtemps.
- Blessures aux yeux.
- Paralysies traumatiques.

COMMENT UTILISER CE MÉDICAMENT ?

Généralités

Hypericum est l'Arnica des nerfs. Il est bon de l'employer après une dose d'Arnica ou d'Aconitum.

Dilution

Une dose unique en 30 CH.

– Fiche n° 9 –

LACHESIS

Lachesis est tiré du venin d'un serpent américain. Ce crotaliné vit en Amérique centrale et en Amérique du sud. Il est aussi appelé crotale muet, car contrairement aux autres représentants de cette espèce, son bruiteur est atrophié et ne vibre pas. Lachesis est de manière générale un important médicament en homéopathie, qui peut être utilisé pour beaucoup d'affections. Nous nous limitons dans cet ouvrage à l'utilisation de Lachesis en cas de blessures.

DANS QUELS CAS UTILISER CE MÉDICAMENT ?

Conformément au principe homéopathique de similitude, Lachesis correspond à des blessures dans lesquelles la circulation sanguine est réduite. On le reconnaît à la coloration bleuâtre de la peau à l'endroit blessé. Les plaies paraissent dangereusement atteintes. Parfois seule la peau est colorée en bleu ou bleu-rouge, mais il arrive aussi qu'on rencontre une plaie ouverte purulente, dont les bords sont bleus et ne guérissent pas. La cause est le plus souvent une morsure d'un congénère ou une piqûre d'insecte. Si Lachesis est le bon médicament, on devrait voir une amélioration notoire dans les quarante-huit heures. Sinon il faut faire contrôler ces blessures par un vétérinaire pour éviter une septicémie.

Les animaux sont plus faibles le matin au lever, ils préfèrent le froid et n'aiment pas se sentir serrés, que ce soit au cou (collier) ou au ventre (sous-ventrière du cheval). La blessure se trouve souvent du côté gauche du corps.

Liste des symptômes

- Blessure avec coloration bleuâtre de la peau.
- Lésions purulentes.
- Amélioration avec des compresses froides.
- Amélioration notoire dans les quarante-huit heures.
- Les épanchements sanguins peuvent ressembler à des varices.

Symptômes caractéristiques :

✓ Plaie bleuâtre à bleu-rouge
✓ Généralement du côté gauche du corps
✓ Amélioré par le froid
✓ Généralement des plaies ouvertes, souvent purulentes

Indications

- Blessures infectées : en particulier morsures et piqûres.
- Érysipèle chez le cheval (phlegmon des membres).

COMMENT UTILISER CE MÉDICAMENT ?

Dilution

Une dose unique en 30 CH.

LEDUM

Ledum n'est pas seulement un médicament pour les blessures : il peut aussi soigner des affections qui ne sont pas traumatiques. Le lédon des marais, qui fait partie de la famille des éricacées, est un arbuste d'un mètre de haut, sur lequel poussent des feuilles étroites, pointues et dures avec des inflorescences blanches. On ne le trouve pratiquement qu'en Scandinavie. Les jeunes pousses séchées sont utilisées en homéopathie. C'est vers la fin du XIXe siècle que sont apparues les premières communications mentionnant les possibilités de Ledum lors de blessures perforantes.

DANS QUELS CAS UTILISER CE MÉDICAMENT ?

Les inflammations sont en principe caractérisées par la chaleur de la lésion. Ce n'est pas le cas de Ledum : la blessure reste froide et peut même être plus froide que la peau tout autour. Les animaux ne supportent pas la chaleur et cherchent à placer la partie du corps atteinte sur une surface froide. Ces animaux, qui sont souvent de mauvaise humeur, supportent beaucoup mieux un tampon d'ouate froid qu'une compresse chaude. Les perforations et les piqûres sont les indications les plus connues de Ledum. Ce ne sont souvent pas des lésions aiguës, mais des problèmes qui peuvent remonter à plusieurs jours. Ledum est aussi indiqué après des piqûres ou des morsures d'insectes.

Liste des symptômes

- Plaies avec sensation de froid.
- Douleur aggravée par la chaleur.
- Mauvaise humeur.
- Supporte bien des poches de glace sur la plaie.

Symptômes caractéristiques :

✓ L'endroit blessé n'est pas chaud, mais au contraire plutôt froid
✓ Besoin de froid, sur les lésions et en général
✓ Apparition plutôt lente des troubles
✓ Plaies partiellement purulentes

Indications

- Blessures par des clous de rue, épines, aiguilles, morsures et leurs conséquences (douleur, abcès, inflammation).
- Blessures perforantes et leurs conséquences.
- Piqûres ou morsures d'insectes et leurs conséquences.

COMMENT UTILISER CE MÉDICAMENT ?

Dilution

Une dose unique en 30 CH.

– FICHE N° 11 –

RHUS TOXICODENDRON

Rhus toxicodendron, le sumac vénéneux, vient d'Amérique du nord. Moins la plante reçoit de soleil, plus sa toxicité est grande. Le moindre contact provoque déjà des irritations de la peau. Rhus toxicodendron est fortement recommandé pour les tendons et les ligaments.

DANS QUELS CAS UTILISER CE MÉDICAMENT ?

Les symptômes de Rhus toxicodendron sont caractérisés par des troubles qui sont plus marqués au repos ou lors des premiers mouvements, mais qui disparaissent lorsque le corps « s'échauffe ». C'est pourquoi cette blessure se manifeste par une grande agitation et le besoin de bouger. L'animal est ankylosé et ne peut pas se détendre.

Listes des symptômes

- Amélioration par le mouvement.
- Aggravation par les courants d'air (l'animal va se mettre dans un autre coin de la pièce).
- Amélioration par la chaleur.
- Aggravation par l'humidité.
- Amélioration en étant couché sur le dos, « les quatre fers en l'air ».
- Diarrhée avec grand épuisement.
- Triangle rouge à la pointe de la langue.

Symptômes caractéristiques :

✓ Agitation avec besoin de bouger, même si les premiers pas sont douloureux
✓ Amélioration par la chaleur et le changement de position
✓ Aggravation la nuit

Indications

- Blessures par surmenage.
- Déchirures de ligaments, foulures, contusions et claquages.
- Blessures de la peau.
- Fièvre après avoir été mouillé.

COMMENT UTILISER CE MÉDICAMENT ?

Dilution

Une dose unique en 200 CH.

RUTA

Dans l'Antiquité, les Grecs utilisaient la rue fétide contre les maladies contagieuses, les maladies des yeux et les empoisonnements. La teinture de cette ancienne plante médicinale irrite la peau et peut provoquer faiblesse, vomissements et paralysies si elle est ingérée, de même que des inflammations du périoste et des cartilages.

DANS QUELS CAS UTILISER CE MÉDICAMENT ?

Aujourd'hui, Ruta est utilisé en homéopathie principalement lors de blessures, en premier lieu pour des problèmes qui touchent les os, le périoste, les articulations, les ligaments et les tendons. Lorsque les animaux se reposent, ils changent souvent de place. Les symptômes s'aggravent lorsqu'ils s'étirent. Les animaux sont couchés avec les membres repliés et essaient de soulager les endroits douloureux. Il y a une amélioration par le mouvement, mais, contrairement à Rhus toxicodendron, elle ne dure pas longtemps. Les tendons enflent et présentent des épaississements nodulaires (tendons fléchisseurs du cheval). Les jambes sont faibles après un effort trop important, les animaux s'achoppent et se tordent les pieds.

Liste des symptômes

- Irritabilité et apeurement lors du moindre contact.

- Aggravation par des compresses froides sur la lésion.
- Les animaux sont couchés sur le côté avec les pattes repliées.

Symptômes caractéristiques :

✓ Affections dues à un surmenage
✓ Boiterie, faiblesse et marche hésitante
✓ Agitation, changement fréquent de place
✓ Amélioration par les premiers mouvements, rapidement suivie d'une aggravation
✓ Le froid aggrave les symptômes, la chaleur locale les améliore

Indications

- Foulures.
- Suites de surmenage (aux jambes, mais aussi aux autres organes).
- Blessures des os, du périoste, des articulations, ligaments et tendons.
- Épaississements nodulaires des tendons (fléchisseurs) après blessures.

COMMENT UTILISER CE MÉDICAMENT ?

Dilution

Une dose unique en 30 CH.

– Fiche n° 13 –

SILICEA

Silicea, la silice ou l'acide silicique du cristal de roche, donne au corps sa fermeté et sa résistance : « l'acide silicique semble avoir pour le tissu conjonctif la même valeur essentielle que le fer pour les globules rouges, le phosphore pour les nerfs et la chaux pour les os » (citation de Julius Mezger). Silicea est de manière générale un important médicament en homéopathie, qui peut être utilisé pour beaucoup d'affections. Nous nous limitons toutefois dans ce livre aux indications liées aux blessures.

DANS QUELS CAS UTILISER CE MÉDICAMENT ?

Les blessures de Silicea sont caractérisées par une production de pus, le développement de kystes et d'indurations. Les animaux sont sensibles au contact, rapidement fatigués et moins actifs. Les douleurs sont faibles et les animaux se laissent examiner.

Liste des symptômes

- Plaies qui guérissent mal, formation d'abcès et d'indurations.
- Les animaux ont tout le temps froid.
- Animaux conciliants, qui se laissent examiner.
- Amélioration par la chaleur.

Symptômes caractéristiques :

✓ Animal doux malgré ses blessures
✓ Production de pus et d'abcès
✓ Amélioration par la chaleur

Indications

- Abcès, par exemple suite à une vaccination.
- Blessures fortement purulentes et/ou ulcérées.
- Corps étrangers.
- Plaies qui guérissent mal.
- Déhiscence des cicatrices.

COMMENT UTILISER CE MÉDICAMENT ?

Généralités

Silicea aide les tissus à expulser les corps étrangers.

Dilution

Une dose unique en 30 CH.

Important : Ne doit pas être répété.

- Fiche n° 14 -

STAPHISAGRIA

Ce sont les graines très malodorantes de la staphisaigre ou herbe à poux. Cette plante herbacée, de couleur bleu-violet, pousse à des endroits secs. Elle fait partie de la famille des renonculacées, dont la protoanémonine est toxique pour les humains et les animaux. Les graines contiennent notamment une huile toxique et un alcaloïde, la delphinine, qui est semblable à l'aconitine et était utilisé autrefois sous forme de pommade contre les poux. Les pêcheurs l'utilisaient comme anesthésiant pour les poissons, alors que les Romains et les Grecs la prescrivaient en usage interne comme émétique et laxatif, ainsi qu'en usage externe sous forme de pommade contre les piqûres et les morsures, car elle favorise la guérison des plaies et diminue les douleurs.

DANS QUELS CAS UTILISER CE MÉDICAMENT ?

Les blessures sont caractérisées par des coupures franches qui sont extrêmement sensibles au contact et démangent parfois.

Liste des symptômes

- Aggravation par le plus léger effleurement.
- Aggravation par l'eau froide et l'air froid.
- Amélioration en se couchant.
- Somnolent le jour, très réveillé la nuit.
- Apathique, abattu avec parfois une agressivité soudaine.

Symptômes caractéristiques :

- ✓ Très grande sensibilité au contact
- ✓ S'isole
- ✓ La position couchée améliore les douleurs

Indications

- Coupures.
- Cicatrices douloureuses après une opération abdominale.
- Douleurs et complications postopératoires.
- Douleurs dorsales après un effort.
- Douleurs après un traitement dentaire.

COMMENT UTILISER CE MÉDICAMENT ?

Dilution

Une dose unique en 30 CH.

– Fiche n° 15 –

SYMPHYTUM

Symphytum, la consoude, avec ses fleurs rougeâtres ou jaune-blanc, pousse volontiers dans des endroits humides. Elle contient une substance cristalline qui stimule la coaptation des tissus après des blessures.

DANS QUELS CAS UTILISER CE MÉDICAMENT ?

Les blessures de Symphytum sont de type foulures ou blessures du périoste, de même que des coups sur le globe oculaire. La régénérescence de fractures osseuses qui guérissent mal est favorisée par Symphytum, qui stimule la formation du calcium et diminue les douleurs. Les animaux sont très sensibles à tout contact car le périoste est enflammé.

Liste des symptômes

- Aggravation par le mouvement.
- Aggravation par le contact et la pression.
- Amélioration par la chaleur.

Symptômes caractéristiques :

- ✓ Fractures ou blessures des yeux très douloureuses et qui guérissent mal
- ✓ Douleurs qui persistent, même après la guérison des plaies

Indications

- Blessures et inflammations osseuses.
- Contusion des yeux après un coup ou une compression.
- Blessures des yeux, cataracte ou glaucome.

COMMENT UTILISER CE MÉDICAMENT ?

Généralités

Symphytum est donné après Arnica, qui a résorbé l'épanchement sanguin. Il aide à diminuer les douleurs et à guérir les fractures (après intervention chirurgicale). Il peut aussi être utile après des opérations.

Dilution

Une dose unique en 30 CH.

Chapitre 7 :

Répertoire des blessures et des médicaments qui les guérissent

Abcès

Hepar

→ Abcès particulièrement douloureux.
→ Les animaux se défendent contre tout contact, sont de mauvaise humeur et un peu agressifs.
→ La chaleur soulage : les objets sortis du congélateur ne sont pas supportés sur la blessure et les animaux se défendent ; les compresses chaudes sont tolérées.
→ Fièvre et apathie éventuelles.

Lachesis

→ Les bords de la blessure et/ou les alentours sont colorés en bleu ou bleu-rouge.
→ L'abcès est le plus souvent déjà ouvert ou est sur le point de s'ouvrir (« apparence inquiétante »), danger de septicémie.
→ Fièvre fréquente.
→ Les animaux sont apathiques le matin et reprennent des forces en cours de journée.
→ Les animaux se sentent mieux au froid.

Ledum

→ Abcès après morsures ou injections (blessures par objet pointu).
→ Le froid est bien supporté : les animaux apprécient un objet glacé sur la lésion.
→ La peau peut être froide localement.

Silicea

→ Abcès anciens.
→ Pas de guérison, ou très lente.
→ Généralement pas douloureux.

Anxiété

Voir sous Choc.

Articulations

Arnica

→ Grande douleur.
→ Refuse toute approche et tout contact.
→ Peut être associé avec des saignements, mais pas forcément.
→ Si la peau est blessée, ce n'est que sur une petite surface.

Rhus toxicodendron

→ Agitation avec besoin de mouvement, même si les premiers pas sont douloureux.
→ Raideur.
→ La chaleur et le changement de position améliore l'état général (les animaux ont facilement froid).
→ Les animaux sont plus agités la nuit.
→ Ont souvent soif de petites quantités d'eau (froide).
→ Le froid et l'humidité aggravent.

Bleus

Voir sous Coups.

Brûlure

Cantharis

- → Coup de soleil ou brûlure.
- → Inflammation violente et soudaine.
- → L'endroit est rouge.
- → Apparition d'ampoules.
- → Animaux tranquilles qui deviennent soudain violents lorsqu'on touche l'endroit blessé.

Choc (comportement altéré)

Aconitum

- → L'animal ne se comporte pas comme d'habitude, il a des réactions de panique, il cherche éventuellement à s'enfuir.
- → Les animaux sont soit comme paralysés (« choqués »), soit ils bougent sans cesse avec des mouvements violents.
- → Pulsations de la carotide.
- → Forte crispation musculaire.
- → Le froid et le calme aident.

Arnica

- → Grande sensibilité à la douleur.
- → Épanchements sanguins dans les tissus.
- → Ne se laisse pas volontiers saisir.

- → Colère ou agressivité lorsqu'on cherche à toucher la plaie.
- → Amélioration par la chaleur.

Cicatrices

Hypericum

- → Grandes douleurs qui demeurent après la cicatrisation.

Lachesis

- → Inflammation de la cicatrice : les alentours de la cicatrice sont de couleur rouge foncé à bleuâtre.
- → Un peu de sang foncé suinte de la cicatrice.

Silicea

- → Le plus important médicament pour les cicatrices qui guérissent mal ou qui se rouvrent.
- → La plaie commence à produire du pus.
- → Les endroits cicatrisés s'ouvrent à nouveau (déhiscence).
- → Prolifération de bourgeons charnus (chéloïde).
- → La cicatrisation ne devient problématique que tardivement.

Staphisagria

- → Douleurs sur des cicatrices opératoires.

Claquage

Voir sous Tendons *et sous* Surmenage.

Contusions

Voir sous Coups.

Corps étrangers

Hepar

→ Corps étranger avec formation de pus.
→ Fortes douleurs.
→ Un bandage chaud est supporté, au contraire de tout autre contact.

Silicea

→ Écharde, esquille, saleté, limaille, éclat de pierre, etc.
→ Le plus important médicament lors de corps étrangers dans ou sous la peau : stimule l'élimination du corps étranger par réaction purulente (« pus guérisseur »).
→ La plaie « ne bouge pas », pas d'amélioration sans traitement.
→ Les animaux sont agités.
→ La lésion n'est pas particulièrement douloureuse.

Coups

Arnica
- → L'animal ne montre pas volontiers l'endroit ayant subi le coup.
- → Peut devenir agressif pendant l'examen.
- → Grande douleur et peur du contact.
- → La peau est intacte.
- → Souvent saignements étendus (hématomes) sous la peau.

Bellis perennis
- → Semblable à Arnica, mais les animaux sont plus doux et somnolents.
- → Lorsque Arnica est indiqué mais n'agit pas.

Hypericum
- → Grandes douleurs insupportables.
- → Coups sur le dos, les lombes ou partout sur la colonne.

Lachesis
- → Infection d'un endroit blessé par un coup.
- → L'endroit blessé est de couleur bleu foncé.
- → Douleurs plus vives avant le sommeil.

Rhus toxicodendron
- → Douleurs plus vives au lever qui s'améliorent avec le mouvement.
- → Sommeil agité.
- → Souvent après une chute causée par du surmenage.

Ruta

→ Coup sur les articulations ou les os.
→ Légère amélioration après le lever, mais de courte durée (avec Rhus toxicodendron l'amélioration dure plus longtemps).
→ L'animal ne se couche pas sur la région douloureuse.

Coupures

Calendula

→ Coupures superficielles, sans atteinte des muscles ni des tendons.
→ Éraflure avec formation de pus (souvent jaunâtre).
→ Douleur au contact de la plaie.
→ Blessures fraîches avec bords irréguliers (zigzag, éraflures).
→ Blessures anciennes recouvertes d'une fine couche de pus ou une croûte, avec du pus en dessous.

Hypericum

→ Coupure à un endroit très innervé : pattes, nez, queue, ce qui provoque de très fortes douleurs.
→ Le mouvement aggrave les douleurs.
→ Les animaux restent tranquilles.

Lachesis

→ Coloration bleue ou bleu-rouge de la coupure.
→ Ne guérit pas de soi-même, empire plutôt de jour en jour.

- Tendance à la septicémie (érysipèle du cheval, phlegmon).
- Amélioration par le froid.

Staphisagria

- Coupures avec bords de la plaie francs.
- Problèmes, douleurs ou autres complications postopératoires.
- Les animaux s'isolent et sont couché calmement.
- Colère soudaine sans raison apparente.

Coussinets

Voir sous Griffes.

Déchirures

Voir sous Tendons.

Déhiscence

Voir sous Cicatrices *et sous* Plaies enflammées.

Distorsions

Voir sous Tendons.

Dos

Arnica

- L'animal a tellement mal qu'il peut à peine bouger.
- Peut devenir agressif pendant l'examen physique. De manière générale, ne se laisse pas facilement saisir.
- Parfois épanchement de sang sous la peau.

Hypericum

- Grande douleur insupportable, éventuellement démangeaisons.
- La peau n'est pas lésée.

Rhus toxicodendron

- Les douleurs sont fortes au lever et elles s'améliorent avec le mouvement.
- Sommeil agité.
- Souvent causé par une chute après un effort.

Ruta

- Coup sur les articulations ou les os.
- Brièvement mieux après le lever, mais empire rapidement (avec Rhus toxicodendron l'amélioration dure plus longtemps).
- Ne se couche pas sur la région douloureuse.

Écharde

Voir sous Corps étranger.

Écrasements

Arnica

→ Grande douleur et peur d'être touché.
→ La peau est intacte.
→ Souvent saignements étendus (hématomes) sous la peau avec des taches rouge-bleu.
→ Peut devenir agressif pendant l'examen.

Bellis perennis

→ Semblable à Arnica, mais les animaux sont plus doux et somnolents.
→ Lorsque Arnica est indiqué mais n'agit pas.

Enflure

Apis

→ Animaux agités.
→ Forte enflure claire, rose.
→ Les animaux peuvent être perturbés ou se débattre.
→ Les compresses froides améliorent l'état général et les douleurs.
→ Absence de soif.

Arnica

→ Grande sensibilité à la douleur.
→ Parfois épanchement sanguin dans les tissus.
→ Colère ou agressivité au contact de l'endroit enflé.

Épanchement de sang

Voir sous Saignements.

Éraflures

Calendula

→ La peau est blessée de manière irrégulière.
→ Blessures superficielles, sans atteinte des muscles ni des tendons.
→ Surface de la plaie purulente.
→ Formation de croûte avec du pus en dessous.
→ Douleur au contact.
→ Coloration rouge autour de la plaie.

Erysipèle du cheval

Voir sous Phlegmon.

Esquille

Voir sous Corps étranger.

Foulure

Arnica

→ Grande douleur.
→ Les patients se laissent à peine saisir.
→ Parfois épanchement de sang sous la peau.

Rhus toxicodendron

→ Amélioration des douleurs par le mouvement.
→ Agitation : les chevaux appuient sur une jambe puis sur une autre, les chiens et les chats ne restent pas tranquilles, ils se lèvent sans arrêt, pour se recoucher peu après.
→ Souvent après un surmenage/effort.

Ruta

→ Amélioration des douleurs de courte durée après quelques pas.

Gaine des tendons

Voir sous Tendinite.

Glandes (ganglions lymphatiques, glandes mammaires, testicules)

Arnica

→ Grande douleur.
→ Épanchements de sang dans les tissus.
→ Colère ou agressivité lorsqu'on palpe les glandes/ganglions.

Bellis perennis

→ La peau n'est pas blessée.
→ Douleurs.
→ Les animaux évitent le contact, mais ne réagissent pas de manière colérique.

Silicea

→ Enflure des ganglions/glandes associée à une inflammation.
→ Douleurs plutôt faibles.
→ Les animaux sont gentils.
→ Les animaux cherchent la chaleur (en général et localement).

Griffes

Hypericum

→ Douleurs insupportables, éventuellement démangeaisons.
→ Laisser le membre blessé immobile aide à supporter la douleur.
→ Aggravation par le mouvement, les animaux sont parfois complètement fous de douleur.
→ L'endroit blessé ne peut presque pas être touché (aggravation par le contact).
→ Le froid aggrave les douleurs.

Ledum

→ Une poche de glace sur la griffe blessée améliore les douleurs.
→ Douleurs moins intenses que pour Hypericum.

Hématome

Voir sous Saignements.

Hémorragie

Voir sous Saignements.

Heurts

Voir sous Coups.

Infection de la plaie

Arnica

- → Grande sensibilité à la douleur.
- → Épanchements sanguins dans les tissus.
- → Amélioration par la chaleur.
- → Peur du contact, réaction agressive, les animaux se laissent très mal examiner la langue.

Hypericum

- → Douleur à peine supportable, démangeaisons.
- → Aggravation par le mouvement, les animaux sont parfois fous de douleur.
- → L'endroit blessé ne peut presque pas être touché (aggravation par le contact).
- → Le froid aggrave les douleurs.

Inflammation des plaies

Voir sous Plaies enflammées.

Ligaments

Voir sous Tendons.

Limaille

Voir sous Corps étranger.

Morsure, abcès

Voir sous Abcès.

Morsure récente

Aconitum

→ Choc psychique.
→ Les animaux sont soit comme paralysés (« choqués »), soit ils bougent sans cesse avec des mouvements violents.

Arnica

→ Grande douleur.
→ Refuse toute approche et tout contact.
→ Peut être associé à des saignements.
→ Si la peau est blessée, ce n'est que sur une petite surface.

Hypericum

- Morsure à un endroit très innervé : pattes, nez, queue.
- Le mouvement aggrave les douleurs.
- Les animaux restent tranquilles.

Musculature

Arnica

- Peur d'être touché.
- Saignements (hématome) sous la peau qui peuvent être parfois très étendus et douloureux.
- La peau est rarement visiblement blessée.

Calendula

- Blessure de la peau et de la musculature.
- Éraflures ou bords irréguliers de la plaie.
- Coloration rouge autour de la plaie.

Rhus toxicodendron

- Blessure qui se produit souvent suite à un surmenage/effort.
- Douleurs plus fortes au début du mouvement (en se levant), s'améliorant ensuite : les animaux sont agités, ils changent souvent de place car cela diminue les douleurs.
- Sommeil agité, les animaux rêvent plus que normalement.
- Soif fréquente pour de petites quantités d'eau (froide).
- Amélioration par la chaleur.
- Le froid et l'humidité aggravent l'état général.

Nerf et tissus innervés

Hypericum

→ Douleurs insupportables, éventuellement démangeaisons.
→ Laisser le membre immobile aide à supporter la douleur.
→ Aggravation par le mouvement, les animaux sont parfois complètement fous de douleur.
→ L'endroit blessé ne peut presque pas être touché (aggravation par le contact).
→ Le froid aggrave les douleurs.

Bellis perennis

→ Grande sensibilité à la douleur.
→ Les animaux sont plutôt doux et faciles.
→ Le froid aggrave l'état général.
→ Le mouvement est supporté.

Opérations, suites de

Aconitum

→ Grande peur ou choc après une opération.

Arnica

→ Douleurs.
→ Peur du contact, on ne peut presque pas examiner la plaie opératoire.
→ Forts saignements (hématome).

Bellis perennis

- → Douleurs, mais peu de peur du contact.
- → Les animaux laissent examiner la plaie opératoire.
- → Grande somnolence et fatigue.
- → Le plus souvent lorsque des muscles ont été coupés.

Calendula

- → La suture est irrégulière et guérit mal, déhiscence.
- → Suintement purulent, croûteux, sur et à côté de la suture.

Hypericum

- → Grandes douleurs.
- → Après des opérations des nerfs ou de tissus fortement innervés.

Rhus toxicodendron

- → Douleurs améliorées par le mouvement.
- → Grande agitation.
- → Sommeil agité.

Ruta

- → Douleurs qui ne diminuent que brièvement au début du mouvement.
- → Ne peut pas se coucher sur la région opérée.

Staphisagria

- → Remède principal pour les suites opératoires dans les organes internes (ovaires, opérations abdominales) ou castration.

- → Grande sensibilité au contact.
- → Amélioration en restant couché et immobile.
- → Autres suites non douloureuses d'opérations (par exemple nausées, fuites urinaires).

Opération, préparation

Aconitum

- → Plutôt chez l'homme que chez l'animal.
- → Grande peur des opérations/des anesthésies.
- → Une dose la veille de l'intervention.

Arnica

- → Empêche de trop forts saignements pendant l'intervention.
- → Prévient les douleurs qui suivent l'intervention (états douloureux postopératoires).
- → Une dose la veille de l'intervention.

Os, fracture

Symphytum

- → Extrêmement douloureux et sensible au contact.
- → Le mouvement aggrave les douleurs et l'état général.
- → La chaleur apaise les douleurs.
- → Accélère la coaptation des fragments osseux.

Os, contusion

Ruta

- Suites de surmenage : boiterie, faiblesse et achoppement.
- Agitation, fréquents changements de position, irritabilité.
- Les animaux sont couchés sur le côté sain avec les membres repliés.
- Le froid aggrave les symptômes, la chaleur locale soulage.

Peau

Apis

- Piqûres d'insectes.
- Blessure perforante par un clou ou un morceau de verre.
- Blessure avec forte enflure de l'endroit concerné.
- Enflure rose-rouge, sans que la peau et les alentours soient colorés en rouge.
- Les compresses froides améliorent l'état général et les douleurs.
- La pression sur la blessure est bien acceptée et améliore les douleurs.
- Des démangeaisons sont possibles lors de réactions allergiques.

Calendula

- Blessures cutanées superficielles, sans atteinte des muscles ni des tendons.
- Éraflure avec formation de pus (souvent jaunâtre).

- Douleur au contact de la plaie.
- Blessures fraîches avec bords irréguliers.
- Blessures anciennes recouvertes d'une fine couche de pus ou une croûte, avec du pus en dessous.
- Coloration rouge autour de la plaie.

Cantharis

- Brûlures.
- Coup de soleil.
- Forte inflammation soudaine.
- Rougeurs.
- Formation d'ampoules.
- Animaux calmes qui peuvent devenir violents lorsqu'on les touche.

Hepar

- Morsures et autres abcès qui sont très douloureux.
- Agressivité lors de l'examen ou de la palpation de la blessure.
- Le froid aggrave les douleurs (les animaux tolèrent bien des compresses chaudes).
- Le pus sent souvent mauvais

Lachesis

- Morsures et autres blessures.
- La peau est souvent ouverte et blessée, au moins à un petit endroit.
- Coloration bleue ou bleu-rouge de la peau.
- Ne guérit pas et à même tendance à empirer de jour en jour.
- Tendance à la septicémie (érysipèle du cheval, phlegmon).

→ Typiquement du côté gauche du corps.
→ Amélioration par le froid.

Ledum

→ Blessures perforantes ou par piqûre : morsures de chat ou de chien, clou, aiguille, piqûre d'insecte.
→ Les applications froides (poche de glace) sont bien supportées ; réactions de défense contre la chaleur.
→ Au toucher, la région concernée peut paraître froide.
→ Peut être purulent.

Silicea

→ Blessures, cicatrices qui ne guérissent pas.
→ Plaies purulentes qui se développent lentement et ne s'améliorent pas.
→ Abcès et autres blessures purulentes (abcès après une injection ou une vaccination par exemple).
→ Animal avec un caractère doux et gentil qui reste volontiers à la chaleur.

Staphisagria

→ Coupures avec bords de plaie francs.
→ Problèmes, douleurs ou autres complications postopératoires.
→ Les animaux s'isolent et restent couchés calmement.
→ Colère soudaine sans raison apparente.

Périoste

Voir sous Os.

Phlegmon

Lachesis

- → Indiscutablement le médicament le plus important lors de phlegmon.
- → Atteinte de l'état général.
- → Fièvre.
- → Les animaux sont souvent apathiques.
- → Enflure du membre ou de l'endroit du corps concerné.
- → La tendance d'un cheval à développer un érysipèle après une blessure doit être traitée par le médicament de constitution correctement choisi. Lachesis n'est indiqué pour cela que s'il correspond au patient dans son entier.

Piqûres

Apis

- → Piqûre avec forte enflure de l'endroit concerné.
- → Enflure marquée de couleur rose-rouge sans que la peau et les alentours soient colorés en rouge.
- → Les compresses froides améliorent l'état général et les douleurs.
- → La pression sur la blessure est bien acceptée (améliore les douleurs).

- Absence de soif.
- Les animaux se débattent.
- Démangeaisons possibles lors de réaction allergique.

Hypericum

- Grande sensibilité à la douleur.
- Laisser le membre blessé immobile aide à supporter la douleur.
- Aggravation par le mouvement, les animaux sont parfois fous de douleur.
- L'endroit blessé ne peut presque pas être touché.
- Le froid aggrave les douleurs.

Ledum

- La lésion n'est pas chaude, parfois même froide.
- Besoin de froid, sur la blessure comme en général.
- Apparition plutôt lente de l'affection.

Piqûres d'insecte

Apis

- Piqûre avec forte enflure de l'endroit concerné.
- Enflure marquée de couleur rose-rouge sans que la peau et les alentours soient colorés en rouge.
- Les compresses froides améliorent l'état général et les douleurs.
- La pression sur la blessure est bien acceptée (améliore les douleurs).

- → Absence de soif.
- → Les animaux se débattent.
- → Démangeaisons possibles lors de réaction allergique.

Cantharis

- → Forte inflammation soudaine.
- → Rougeurs.
- → Formation d'ampoules.
- → Animaux calmes qui peuvent devenir violents lorsqu'on les touche.

Ledum

- → La lésion n'est pas chaude, parfois même froide.
- → Besoin de froid, sur la blessure comme en général.
- → Apparition plutôt lente de l'affection.

Plaies enflammées

Lachesis

- → La plaie et les alentours sont colorés en bleu ou bleu-rouge.
- → Les animaux sont fatigués et ont souvent de la fièvre.
- → Les ganglions sont enflés.
- → Danger de septicémie.
- → Les animaux cherchent éventuellement le froid.

Silicea

- → Les blessures ne guérissent pas ou très lentement.
- → Formation de pus.
- → Les cicatrices restent enflammées ou s'ouvrent à nouveau (déhiscence).
- → Les animaux cherchent la chaleur.
- → Les ganglions sont enflés.

Pus, formation de

Arnica

- → Grande douleur.
- → Hématomes tissulaires.
- → Colère ou agressivité lorsqu'on touche l'endroit blessé.
- → N'est pas indiqué lors de grandes blessures qui atteignent les chairs.

Calendula

- → Blessures cutanées superficielles, sans atteintes des muscles ni des tendons.
- → Pus souvent jaunâtre.
- → Douleur au contact de la plaie.
- → Blessures fraîches avec bords irréguliers.
- → Blessures anciennes recouvertes d'une fine couche de pus ou une croûte, avec du pus en dessous.
- → Coloration rouge autour de la plaie jaunâtre.

Hepar

→ Pus vert épais.
→ Fortes douleurs : les animaux deviennent agressifs si on veut les saisir.
→ Un bandage chaud est supporté, au contraire de tout autre contact.
→ Intolérance au froid, sur la plaie comme en général.

Lachesis

→ La plaie et les alentours sont colorés en bleu ou bleu-rouge.
→ Les bords de la plaie sont irréguliers et mal délimités.
→ État général la plupart du temps diminué, souvent avec de la fièvre.
→ Les animaux sont très fatigués le matin.
→ Les animaux préfèrent le froid.
→ Pus d'aspects très différents.

Ledum

→ Les applications froides (par exemple poche de glace) sont bien supportées ; réactions de défense contre la chaleur.
→ Blessures perforantes ou par piqûre : morsures de chat ou de chien, clou, aiguille.
→ Au toucher, la région concernée peut paraître froide.
→ Pus d'aspects très différents.

Silicea

→ Les blessures purulentes se développent lentement.
→ Peu de douleurs.

- → Faible tendance à la guérison.
- → Pus souvent blanchâtre ou très liquide.
- → Les cicatrices restent enflammées ou s'ouvrent à nouveau (déhiscence).
- → Les animaux cherchent la chaleur.

Queue

Arnica

- → Grande sensibilité à la douleur.
- → Épanchements sanguins dans les tissus.
- → Ne se laisse pas volontiers saisir, ne laisse pas examiner la queue.

Hypericum

- → Très grande sensibilité à la douleur.
- → Le mouvement aggrave les douleurs.
- → Les animaux restent tranquilles.

Réactions à l'injection, abcès d'injection

Voir sous Abcès.

Sabots

Voir sous Griffes.

Saignements

Aconitum

- → Grandes quantités de sang, rouge clair, liquide.
- → Agitation.
- → Irrité, violent, brutal.
- → Le froid améliore les douleurs.

Arnica

- → Saignements rouge clair avec stase sanguine dans la région de la tête et corps froid.
- → Hématomes tissulaires.
- → N'aime pas qu'on le saisisse.

Lachesis

- → Saignements foncés (veineux) qui coagulent lentement.
- → Hématomes foncés dans les tissus.
- → Fièvre occasionnelle.
- → Les animaux sont fatigués le matin et cherchent le froid.

Surmenage, efforts

Arnica

- → Douleurs marquées des muscles ou des tendons surmenés.
- → Défense ou agressivité lors d'approche ou de contact des endroits douloureux.

Bellis perennis

- La sensibilité à la douleur des endroits surmenés provoque une boiterie.
- L'animal évite le contact, mais ne réagit pas de manière colérique, il reste plutôt doux.
- Somnolence.

Rhus toxicodendron

- Grandes douleurs au lever et lors des premiers mouvements.
- Amélioration des douleurs par le mouvement.
- Agitation : les chevaux appuient sur une jambe puis sur une autre, les chiens et les chats ne restent pas tranquilles, ils se lèvent sans arrêt, pour se recoucher peu après.
- Aggravation par le froid et l'humidité.
- Refroidissement après avoir beaucoup transpiré.
- Aide parfois lors de coup de sang chez le cheval.

Ruta

- Souvent surmenage/efforts des tendons.
- Amélioration des douleurs de courte durée après quelques pas.

Silicea

- Les animaux ont tendance à être très rapidement surmenés et sont peu résistants à l'effort.
- Doux et pacifique.
- Recherchent la chaleur.

Tendinite

Apis

→ Enflure marquée de la gaine du tendon.

Arnica

→ Grande douleur, les animaux ne se laissent presque pas examiner.

Rhus toxicodendron

→ Nette amélioration par le mouvement (l'échauffement améliore).

Ruta

→ Amélioration de courte durée par le mouvement.

Silicea

→ Pas de progression de la guérison.
→ Souvent peu de douleurs avec des indurations marquées.
→ Les bandages chauds améliorent les indurations.

Tendons

Apis

→ Tendinite avec enflure nette.
→ Raccourcissement du tendon.
→ Les animaux ont des démangeaisons et sont un peu agités.
→ Douleurs à cause de mouvements maladroits.

Arnica

→ Sensibilité à la douleur et peur du contact.
→ Mouvement du membre atteint très douloureux.
→ Souvent suite d'un accident, d'un coup ou d'une chute.

Rhus toxicodendron

→ Le médicament le plus important lors de blessure des tendons.
→ Les douleurs s'améliorent après les premiers mouvements : cette amélioration dure quelque temps, mais diminue lorsque le mouvement se poursuit.
→ Agitation fréquente pendant les douleurs (le cheval alterne par exemple entre appui et soulagement du membre atteint).
→ Souvent après un surmenage, un effort.
→ Raccourcissement du tendon.
→ Douleurs souvent à l'insertion du tendon dans l'os.
→ Aggravation par le froid et l'humidité.

Ruta

→ Amélioration par le mouvement, mais moins longue que pour Rhus toxicodendron.
→ Les fléchisseurs sont souvent touchés.
→ Induration et nodules palpables dans le tendon.
→ Agitation.
→ Raccourcissement du tendon.

Symphytum

→ Aggravation des douleurs par le mouvement, la pression et le contact.
→ Raccourcissement des tendons.

Tête

Arnica

→ Grande douleur.
→ Colère ou agressivité lors de contact avec la tête.

Yeux

Arnica

→ Le plus souvent lors de coup (par exemple boule de neige, balle de tennis), la peau est intacte.
→ Peur d'être approché et d'être touché : les animaux se cachent et se mettent en colère lorsqu'on les approche.
→ Le mouvement aggrave les douleurs et l'état général.
→ Parfois saignement à l'intérieur de l'œil (l'œil apparaît rouge).

Calendula

→ Éraflures superficielles de la peau (paupières, bord des paupières, pourtour de l'œil).
→ Peur d'être approché et d'être touché.
→ Coloration rouge autour de la blessure.
→ Grande sensibilité à la douleur.

Staphisagria

- → Coupures avec bords de la plaie francs.
- → Problèmes après une opération des yeux.
- → Les animaux s'isolent et sont couché calmement.
- → Colère soudaine (plaintes et agressivité) sans raison apparente.

Symphytum

- → Coups ou autres blessures de ce genre.
- → Extrêmement douloureux et sensible au contact.
- → Un surmenage des yeux (par exemple dû à une lumière très vive) aggrave les douleurs.
- → Cataracte ou glaucome, après des blessures aux yeux.

Les auteurs

Le docteur Marc Bär

Le Dr Bär est un médecin vétérinaire suisse. Il s'est formé de 1976 à 1982 à l'Université de Zürich. Sa thèse de doctorat sur les mycoses cutanées a été acceptée en 1986. Parallèlement à son travail pratique en médecine des animaux de compagnie, il s'est formé entre 1984 et 1991 auprès du plus important médecin homéopathe des cinquante dernières années, le Dr Jost Künzli de Fimelsberg.

Le Dr Bär est installé depuis 1986 comme praticien pour animaux de compagnie et chevaux avec une spécialisation en homéopathie classique. Enseignant, il est aussi co-auteur de livres et de logiciels pour les vétérinaires homéopathes. Après plus de vingt ans d'activité, le Dr Bär transmet pour la première fois dans cet ouvrage la quintessence de son expérience.

Le docteur Dounya Reiwald

Le docteur Dounya Reiwald est médecin vétérinaire suisse. Elle a étudié la médecine vétérinaire de 1987 à 1990 à Berne. C'est au cours d'une interruption de ses études suite à une grave maladie que les premières réflexions sur les thérapies alternatives lui sont venues. Elle reprend ses études à Zürich entre 1993 et 1997, puis publie sa thèse de doctorat sur l'alimentation des chevaux en Suisse en 1999. Au cours des années suivantes, elle lit les œuvres de grands homéopathes et effectue ses premiers traitements issus de cette méthode. Mais le temps d'un changement de conceptions n'est pas encore venu.

En 2003, Dounya Reiwald étudie enfin l'homéopathie au SHI (l'Institut d'homéopathie suisse) avec le Dr Jus, ainsi qu'à la Société suisse des médecins homéopathes. Elle se forme aussi en médecine comportementale auprès de l'Association suisse de vétérinaires comportementalistes et à l'Université de Paris Alfort (ENVA). Elle complète sa formation par des stages chez plusieurs vétérinaires. Elle écrit régulièrement des articles sur cette discipline encore décriée qu'est l'homéopathie. Elle est installée depuis 2005 dans son propre cabinet d'homéopathie et de médecine comportementale.

Le docteur Olivier Glardon

Le docteur Olivier Glardon a étudié la médecine vétérinaire de 1973 à 1977 à Berne. À la fin de ses études, il commence à s'intéresser aux thérapies complémentaires, plus particulièrement à l'acupuncture. Il effectue également de nombreux stages auprès des pionniers de l'acupuncture et de l'homéopathie vétérinaires. Sa thèse sur l'effet de l'acupuncture sur le taux de cortisone du cheval est publiée en 1982 à Berne, l'année où il obtient le diplôme IVAS d'acupuncteur vétérinaire. Suite à un stage en Chine, le Dr Glardon propose à quelques vétérinaires pratiquant les médecines non-conventionnelles de mettre leurs connaissances en commun et de se former, plus particulièrement en homéopathie. Le groupe de travail est devenu quelques années plus tard l'Association suisse des vétérinaires acupuncteurs et homéopathes (actuel CAMVET. ch).

Le Dr Glardon travaille en médecine conventionnelle et non-conventionnelle dans son cabinet pour animaux de compagnie depuis 1988. Après avoir donné de nombreuses conférences et cours aux étudiants et aux praticiens, il a été nommé en 2009 chargé de cours à la Faculté Vetsuisse (Berne et Zürich). Il partage actuellement son temps de travail entre son cabinet, l'Office fédéral de la Santé publique et la Clinique pour animaux de compagnie de l'Hôpital vétérinaire de Berne.